Zhuang Li

Remoção de potássio e ferro em bauxita de baixa qualidade

Zhuang Li

Remoção de potássio e ferro em bauxita de baixa qualidade

por um processo de calcinação-lixiviação de ácido

ScienciaScripts

Cover image: www.ingimage.com

This book is a translation from the original published under ISBN 978-620-2-31026-0.

Publisher:
Sciencia Scripts
is a trademark of
Dodo Books Indian Ocean Ltd. and OmniScriptum S.R.L publishing group

120 High Road, East Finchley, London, N2 9ED, United Kingdom
Str. Armeneasca 28/1, office 1, Chisinau MD-2012, Republic of Moldova, Europe
Printed at: see last page
ISBN: 978-620-7-84251-3

Resumo

Com o objetivo de explorar as aplicações comerciais da bauxite de baixa qualidade na indústria de refractários, foi adotado um método de calcinação integrado com lixiviação ácida para remover o potássio (K) e o ferro (Fe) da bauxite de baixa qualidade do tipo diásporo-ilite (DI). Após a calcinação da bauxite a diferentes temperaturas, foram sistematicamente estudados os parâmetros de lixiviação, incluindo a concentração de ácido sulfúrico, a temperatura, a relação ácido sulfúrico/bauxite e o tempo de reação. As condições apropriadas e económicas para a remoção das impurezas foram encontradas na calcinação da bauxite a *550° C,* e na lixiviação com uma solução de ácido sulfúrico de 1,2 mol/L, razão ácido sulfúrico/bauxite de 9 mL/g a uma temperatura de reação de 70° C e tempo de reação de 2 horas, sob estas condições, a eficiência de remoção de K e Fe da bauxite pode atingir 30,32% e 47,33%, respetivamente. A bauxite tratada foi examinada por análise XRD, observações SEM e análise química. A cinética do processo de remoção foi calculada por dois modelos, e os resultados mostraram que o processo de lixiviação foi controlado pelo modelo de núcleo de retração misto, que foi afetado tanto pela difusão através da camada sólida como pela transferência de interface. Em resumo, a abordagem deste trabalho apresenta um processo promissor para a utilização abrangente da bauxite de baixa qualidade.

Palavras-chave: bauxite de baixa qualidade; remoção de potássio e ferro; calcinação; lixiviação ácida; cinética

CAPÍTULO 1

1. Introdução

A bauxite é uma matéria-prima importante para a indústria da alumina, a partir da qual é produzida mais de 90% da alumina mundial [1]. Com o rápido desenvolvimento da indústria da alumina, todas as indústrias que necessitam de bauxite estão a ser confrontadas com uma grave escassez de recursos de bauxite de alta qualidade. "Além disso, a China, como grande produtor e consumidor de alumina, tem de importar anualmente uma grande quantidade de bauxite de outros países como a Austrália, a Guiné, etc. [2, 3]. A bauxite encontrada na China, com a caraterística mineral de diásporo, caracterizada por alto teor de alumínio, alto teor de silício e baixa relação $Al2O3/SiO2$ (Al/Si), é uma matéria-prima importante para a indústria de refractários e um recurso estratégico [4]. O refratário de alta alumina (HAR) não só tem aplicações extensivas na indústria nacional de alta temperatura, como as indústrias metalúrgica, cerâmica e do vidro, mas também detém uma grande quota de mercado no mercado internacional [5].

Em comparação com a indústria do alumínio, a escala da indústria de refractários é menor. Enquanto matéria-prima, o consumo de bauxite na indústria de refractários é inferior ao da indústria do alumínio. Isto tem como consequência que a maioria dos recursos de bauxite são propriedade dos fabricantes de alumina e as empresas de refractários quase não têm as suas próprias minas de bauxite [6]. Nos últimos anos, foram desenvolvidos o processo Bayer de tratamento de minério, o processo de sinterização intensificada e o processo de prétratamento por torrefação para dessulfuração [7-9], na sequência dos avanços tecnológicos na indústria, o rácio Al/Si exigido no processo Bayer pode ser reduzido para 4-5 e está a ser utilizada uma grande quantidade de bauxite de qualidade média-baixa. Consequentemente, a indústria de refractários depara-se com uma escassez extrema de bauxite com elevado teor de alumina. Além disso, há mais investigação sobre o processamento de minerais na indústria da alumina do que na dos refractários. Um grande número de pesquisas na literatura sobre a dessilicação por flutuação, dessulfuração e sintetização de agentes de processamento mineral estão ao serviço da indústria do alumínio [10]. No entanto, muito poucos estudos são relatados sobre a purificação da bauxita do ponto de vista refratário.

Para equilibrar a utilização dos recursos de bauxite nas duas indústrias e assegurar o seu desenvolvimento sustentável, foi sugerido por Zhong [11] que a beneficiação e a purificação devem ser efectuadas na bauxite com baixa relação Al/Si e elevado teor de impurezas pelos produtores de refractários.

O comportamento a alta temperatura do HAR é baseado na fase mulita ($3Al_2O_3 \cdot 2SiO_2$), que resulta da transformação da caulinita durante o ciclo térmico de alta temperatura [12]. Na bauxita, as principais impurezas que reduzem o desempenho dos refratários incluem Fe_2O_3, TiO_2, R_2O (onde R=K ou Na). Estas impurezas impedem a formação da fase mulita e coríndon [13, 14]. Verificou-se que estas impurezas formam uma fase amorfa na microestrutura e que uma fase líquida aparece facilmente a alta temperatura, o que causa uma expansão de volume [15], o que leva à degradação do comportamento a alta temperatura e à redução da vida útil. O R2O forma quase sempre uma fase amorfa e degrada as propriedades do material. Por conseguinte, é essencial remover as impurezas para cumprir os requisitos do material refratário.

Existem muitos métodos para a remoção do ferro ou para o processo de extração da bauxite. Reddy et al.[16] estudaram a remoção de ferro de uma bauxite gibbsítica de baixo grau com ácido clorídrico e verificaram que 98% do ferro podia ser removido utilizando ácido 4 mol/L. Zhao et al. [17] investigaram a dissolução de ferro de bauxite com elevado teor de ferro da província de Guangxi com ácido sulfúrico. Os resultados mostraram que a quantidade de ferro lixiviado foi de 98,68% com uma concentração de ácido de 20% e uma temperatura de lixiviação de 100°C. Hu et al. [18] desenvolveram o processo de redução direta para a utilização de bauxite férrica. O pré-tratamento utilizou carvão como redutor e, em seguida, o pó de ferro foi obtido por separação magnética. Papassiopi et al. [19] propuseram um processo inovador de remoção de ferro da bauxite por bactérias redutoras de ferro. Verificou-se que 95% da ferrihidrite amorfa podia ser dissolvida, enquanto a eficiência de remoção da goetite e da hematite era inferior a 9% e 1,2%, respetivamente. Ma [20] adoptou a lixiviação ativa de ácido de torrefação (HCl) para remover o ferro e o potássio do rejeito de bauxite, e o teor de Fe2O3 no rejeito pode ser reduzido para 0,7%, mas apenas 19,2% do K2O foi lixiviado.

No entanto, a remoção de potássio na bauxite ainda não foi comunicada. Uma vez que a bauxite estudada neste trabalho é do tipo DI [21], de baixo grau, originária da área de Dengfeng, província de Henan, e o potássio existe principalmente na ilite, podem ser adoptadas as tecnologias de extração de potássio de minerais ricos em potássio na agricultura. Existem muitas investigações relevantes neste domínio, incluindo a extração de potássio de mica, nefelina, feldspato potássico e outros minerais portadores de potássio [22-24]. Os métodos abrangem a técnica de sinterização de soda, a técnica hidrotérmica e a técnica de lixiviação ácida. No entanto, o teor de K2O na ilite varia entre 6 % e 9 %, para a agricultura, não atingiu os requisitos industriais (K2O > 9 %) [25], pelo que a extração de potássio da ilite foi pouco divulgada.

O objetivo desta investigação foi a remoção simultânea de ferro (Fe) e potássio (K) na bauxite de baixa qualidade, tendo sido adotado um método de calcinação integrado com lixiviação ácida. Foram estudados os efeitos da temperatura de calcinação, da concentração de ácido sulfúrico, da temperatura de lixiviação, da relação ácido sulfúrico/bauxite e do tempo de reação na eficiência de remoção, tendo sido também investigado o processo cinético associado. A análise XRD e as observações SEM foram examinadas. Este estudo pode melhorar a qualidade dos recursos de bauxite de baixo grau e fornecer melhores matérias-primas para a indústria de refractários.

CAPÍTULO 2

2. Materiais e métodos

2.1. Materiais

A amostra mineral de bauxite utilizada neste trabalho é originária da cidade de Dengfeng, província de Henan, China. O ácido sulfúrico (H_2SO_4) utilizado como agente de lixiviação é de grau analítico (fornecido pela Aladdin Biotech Shares na província de Xangai, China), e todas as soluções com concentrações especificadas são preparadas com água desionizada.

2.2. Procedimento experimental

O diagrama esquemático da remoção do potássio e do ferro da bauxite está representado na Figura 1. Tal como descrito na Figura 1, a bauxite é triturada e moída, sendo depois utilizada uma mufla para calcinar a bauxite a diferentes temperaturas (450, 550, 650, 750, 850, 950, 1050, 1250° C) em atmosfera de ar. Após a calcinação, os espécimes sinterizados foram arrefecidos até à temperatura ambiente com ar e depois moídos num moinho de bolas planetário durante 4 h.

As soluções de ácido sulfúrico diluído (H_2SO_4) utilizadas para a lixiviação foram preparadas com água desionizada. As experiências de lixiviação foram realizadas num erlenmeyer de 100 mL num banho de água com um controlador digital de temperatura com uma precisão de ± 0,5° C. Além disso, o dispositivo experimental foi equipado com um agitador magnético com uma velocidade de agitação de 300 rpm e um condensador de refluxo para evitar a perda de massa resultante da evaporação. Uma certa quantidade de solução de ácido sulfúrico especificada foi introduzida no reator de vidro. Depois de aquecida até à temperatura definida, a bauxite torrada (5 g) foi adicionada ao balão com agitação constante (300 rpm). Após o tempo de reação desejado, a pasta de lixiviação foi imediatamente filtrada através de papel de filtro branco com poros de 0,5 µm, utilizando uma unidade de filtração a vácuo, e lavada três vezes para separar o produto lixiviado da solução. O resíduo do filtro foi recolhido, seco e depois caracterizado.

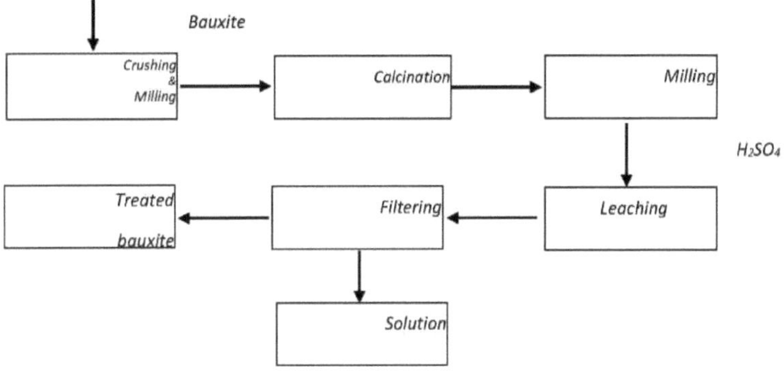

Figura 1. Diagrama esquemático da remoção de impurezas da bauxite.

2.3. Métodos de análise e caraterização

Os teores de K e Fe foram analisados por espetrofotómetro de absorção atómica (AAS, 4530F, Shanghai Precision and Scientific Instrument Co.,Ltd., China). A eficiência de remoção (E_r) foi calculada pela Equação (1):

$$\mathbf{E_r} = \frac{C_m \times V_l}{M_0} \times 100\% \qquad (1)$$

em que Cm, V_l e M_0 representam a concentração de iões (potássio ou ferro) no lixiviado (mg/L), o volume do lixiviado (L) e a massa do elemento (mg) no minério, respetivamente. A análise química da bauxite foi efectuada por fluorescência de raios X

(XRF, Rigaku ZSX Primus ∏ ,Tóquio Japão). Os padrões de difração de raios X (XRD) das amostras sólidas foram registados por um difratómetro Rigaku D/max-rA com radiação CuKα (40 KV e 100 mA). Os pontos de dados foram adquiridos na gama 2θ de 3 a 70°, com um tamanho de passo de 0,02°. A análise termogravimétrica (TG) e a calorimetria diferencial de varrimento (DSC) foram efectuadas pelo analisador térmico simultâneo (NETZSCH 449F3,Selb,Alemanha) a uma taxa de aquecimento de $10°C/\mathrm{min}$ com uma gama de temperaturas de 20-1200° C em atmosfera de ar. A morfologia das amostras sólidas foi observada utilizando o microscópio eletrónico de varrimento (SEM, JSM-7500F, JEOL, Japão) equipado com um espetrómetro de dispersão de energia (EDS). A distribuição das partículas das amostras em solução aquosa foi observada e analisada utilizando o software do microscópio ótico (ZEISS Axio Scope. A1, Oberkochen, Alemanha).

CAPÍTULO 3

3. Resultados e discussão

3.1. . Análise da matéria-prima

A análise química efectuada por XRF indica que a bauxite é constituída por 57,34% de Al_2O_3, 18,22% de SiO_2, 3,81% de Fe_2O_3, 3,23% de K_2O, 2,32% de TiO_2, 0,26% de Na_2O, 0,64% de CaO e 0,23% de

MgO. A amostra com A/S (o rácio de massa Al2O3 para SiO2) de 3,15 é bauxite de baixa qualidade.

De acordo com o padrão de XRD apresentado na Figura 2, as fases minerais na bauxite são principalmente diásporo, quartzo e ilite. Não são detectadas fases minerais de ferro no padrão de XRD. Como o teor de Fe2O3 é de 3,81% em peso na matéria-prima, sugere que a possível forma de ferro é o ferro coloidal ou a substituição - substituição isomórfica de átomos de alumínio por átomos de ferro na rede cristalina de diásporo e ilite.

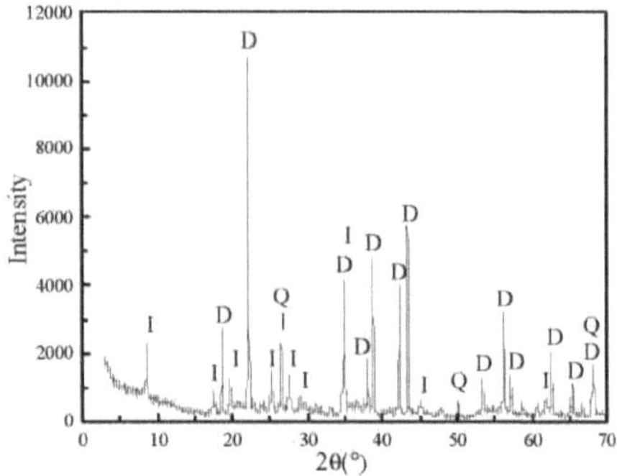

Figura 2. Padrão de XRD da amostra de bauxite (D, diásporo; Q, quartzo; I, ilite).

A bauxita é calcinada e depois moída, e o tamanho cumulativo das partículas é mostrado na Figura 3, a partir da qual se pode ver que aproximadamente 60% das partículas eram inferiores a 2 μm, e quase 100% das partículas são inferiores a 20 μm.

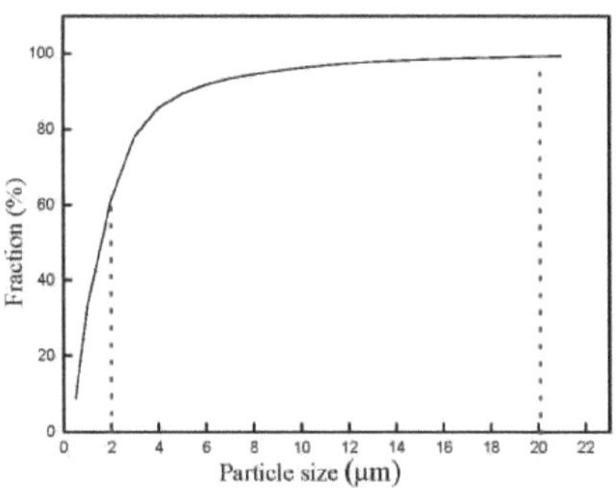

Figura 3. Fração cumulativa de tamanho de partícula das amostras de bauxita.

3.2 . Mecanismo de reação

Esta investigação foi realizada para determinar os parâmetros óptimos de remoção de impurezas da bauxite. No processo de calcinação, as principais alterações são a transformação de fase do diásporo, a desidroxilação da ilite e a mulitização. A fórmula química geral do cristal de ilite pode ser escrita como $K1_{.43}(Si6_{.90},Al1_{.10})(Fe0_{.40},Al3_{.27},Mg0_{.33})_{O20}(OH)_4$ [26]. O processo pode ser representado da seguinte forma:

$$\alpha\text{-}Al_2O_3\cdot H_2O(diaspore) \rightarrow \alpha\text{-}Al_2O_3(corundum)+H_2O$$

$$K_{1.43}(Si_{6.90},Al_{1.10})(Fe_{0.40},Al_{3.27},Mg_{0.33})O_{20}(OH)_4 \rightarrow K_{1.43}(Si_{6.90},Al_{1.10})(Fe_{0.40},Al_{3.27},Mg_{0.33})O_{22}+2H_2O$$

Na segunda etapa, a libertação de potássio e ferro solúveis para a solução ocorre através da reação da bauxite calcinada com H_2SO_4. Teoricamente, as principais reacções químicas durante o processo de lixiviação podem ser reflectidas da seguinte forma (escritas como formas de óxido).

$K2O + 2H^+ \rightarrow 2K^+ + H2O$

$Fe2O3 + 6H^+ \rightarrow 2Fe^{3+} + 3H2O$

3.3. . Efeito da temperatura de calcinação

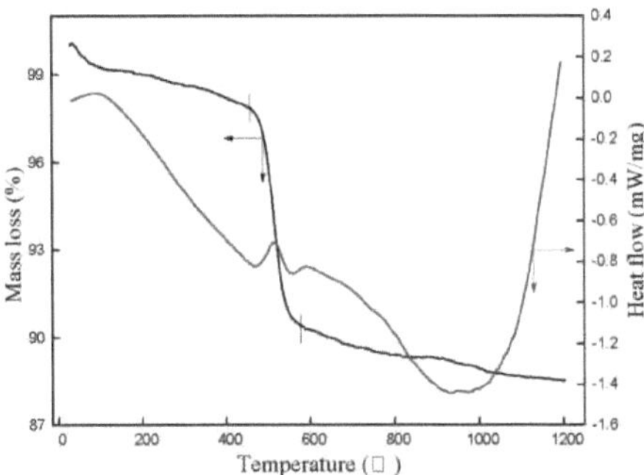

Figura 4. Gráficos TG e DSC da amostra de bauxite.

As curvas termogravimétricas da bauxite são apresentadas na Figura 4. Como relatado na literatura [27], a amostra tem uma perda de peso óbvia devido à desidroxilação do diásporo nas temperaturas de 490 a 580°C. A água quimicamente ligada é libertada da ilite à temperatura de 500 a 700°C, e a ilite é transformada em ilite desidratada (não assinalada na Figura 4 devido ao baixo teor). Acima de 800°C, ocorre o processo de sinterização, vitrificação e reacções a alta temperatura (formação de mulita e corindo) [28].

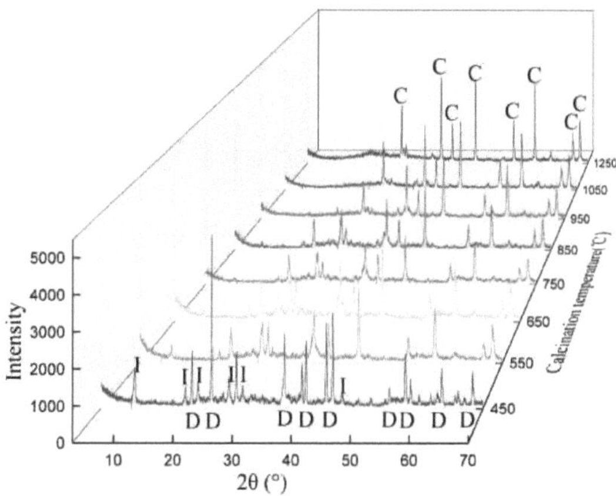

Figura 5. Padrão XRD da bauxite calcinada a diferentes temperaturas.

(D, diásporo; I, ilite; C, corindo).

A partir da Figura 5, pode ver-se que a fase mineral da bauxite calcinada a 450°C não se altera em comparação com a amostra em bruto. À medida que a temperatura de calcinação aumenta, a nova fase de corindo (α-Al_2O_3) aparece na amostra e os picos de difração dos diásporos desaparecem acima dos 450°C. Quando a temperatura sobe para 1050°C, a ilite não é observada e a fase principal da amostra sólida é o corindo devido à sinterização a alta temperatura. Como relatado no documento [28], acima de 1100°C, a ilite começa a transformar-se em substância amorfa e mulite, enquanto não há fase de mulite discernível no padrão XRD, a razão mais provável é que o conteúdo de ilite é baixo na bauxite e apenas parte da ilite pode transformar-se em mulite.

O efeito da temperatura de calcinação é estudado com lixiviação em solução de ácido sulfúrico 1,2 mol/L de acordo com a relação líquido/sólido (L/S) de 9 mL/g à temperatura de reação de 70°C durante 2 h, e os resultados são apresentados na Figura 6. Pode ver-se que a temperatura de calcinação tem um efeito significativo na eficiência de remoção. A eficiência de remoção de Fe desce acentuadamente de 94,42 para 1,03% quando a temperatura de calcinação aumenta de 450 para 850°C. Acima de 850°C, mantém-se abaixo de 1,00% até se tornar cerca de 0 (não detectado) a 1250°C. A eficiência de remoção de K aumenta de 21,46% a 450°C para 30,32% a 550°C, atingindo o valor máximo. Para além de 550°C, começa a diminuir para cerca de 3,00% a 1250°C.

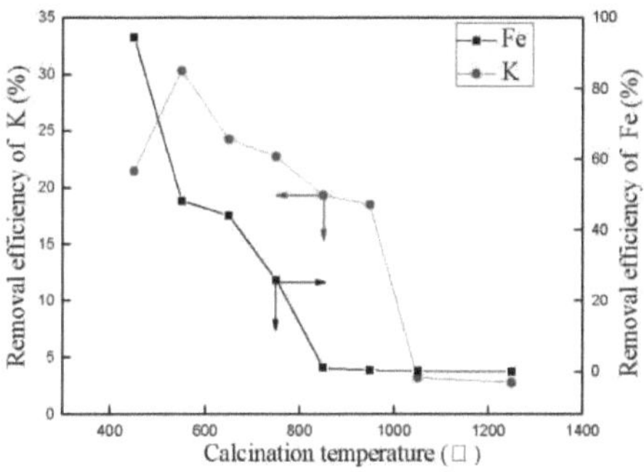

Figura 6. Efeito das temperaturas de calcinação na eficiência de remoção

.

A transformação de fase na Figura 5 pode explicar o declínio da eficiência da remoção de ferro à medida que a temperatura de sinterização aumenta. Especificamente, o ferro entra na fase do corindo e transforma-se em solução sólida, e a solubilidade sólida do ferro no corindo aumenta com o aumento da temperatura. Além disso, uma pequena porção de ferro pode formar uma solução sólida ($Fe2O3{\cdot}TiO2$) com TiO2 [29]. Portanto, é razoável deduzir que a diminuição da eficiência de remoção de ferro pode ser atribuída à transformação da solução sólida em alta temperatura.

As alterações da eficiência da remoção de potássio estão principalmente associadas à estrutura cristalina da ilite. À medida que a temperatura de calcinação aumenta de 450°C para 950°C, o equilíbrio de carga básica da estrutura cristalina da ilite é quebrado devido à desidroxilação, causando o ajuste e a deformação da estrutura cristalina. He et al. [30] investigaram a variação da estrutura cristalina da ilite no processo de torrefação. Verificou-se que a distância interplanar *d*(002), *d*(004), *d*(110), d(006), *d*(131) e *d*(136) da ilite aumentou, e o espaço entre camadas expandiu-se ao longo da direção do *eixo c*, o que leva ao enfraquecimento da força entre camadas. Como resultado, o potássio é facilmente libertado da ilite, pelo que inferimos da Figura 5 que a bauxite calcinada a 550°C é vantajosa para a remoção de potássio, atingindo um valor máximo (30,32%). Para além de 550°C, a ilite pode transformar-se em solução sólida à medida que a temperatura de calcinação aumenta, a eficiência de remoção de potássio começa a diminuir.

3.4. Parâmetros da experiência de lixiviação

A partir da Figura 6, a taxa de remoção de K atinge o valor máximo quando a bauxite é torrada a 550°C, e a taxa de Fe é de 47,33%. Comparado com o ferro, o potássio é mais desvantajoso para o desempenho do refratário, naturalmente, a remoção do potássio é a primeira consideração. Assim, a temperatura de torrefação é selecionada para ser 550°C. As experiências de lixiviação são realizadas para determinar os parâmetros adequados de remoção de impurezas do ponto de vista económico

3.4.1 Efeito da concentração de ácido sulfúrico

Foi realizada uma série de experiências com *c* (concentração de ácido) = 0,4, 0,8, 1,2, 1,6, 2,0, 3,0, 4,0 mol/L para investigar o efeito da concentração de ácido sulfúrico na eficiência da remoção. A temperatura da reação, a razão líquido/sólido e o tempo de reação são mantidos constantes a 70°C, 9 mL/g e 2 h, respetivamente.

Como apresentado na Figura 7, a eficiência de remoção de potássio e ferro aumenta gradualmente com o aumento da concentração de ácido, cuja eficiência é aumentada de 24,71 para 35,54% e de 39,71 para 60,78% à medida que a concentração de ácido varia de 0,4 mol/L para 4 mol/L, respetivamente. Uma maior concentração de ácido pode conduzir um forte ataque aos minerais e destruir a sua estrutura. Além disso, no processo de lixiviação, uma maior concentração de ácido aumenta a atividade do H^+ [31], o que pode aumentar a capacidade de troca iónica entre o ião metálico e o H^+ , resultando num aumento da eficiência de remoção do potássio e do ferro.

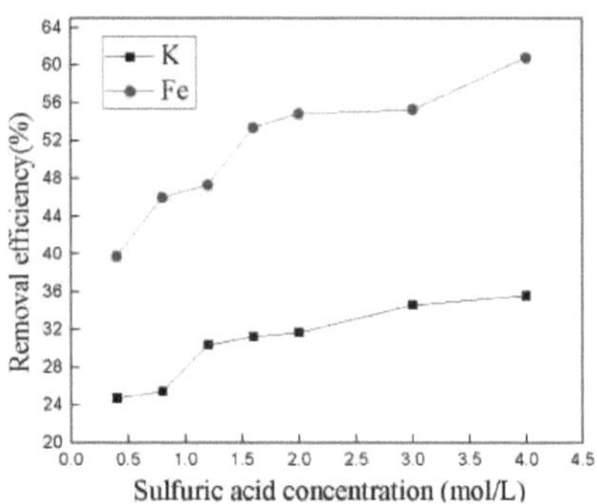

Figura 7. Efeito da concentração de ácido sulfúrico na eficiência de remoção.

No entanto, a eficiência de remoção de potássio aumenta ligeiramente de 30,32 para 35,54% à medida que a concentração de ácido muda de 1,2 para 4 mol/L, devido ao principal mineral portador de potássio, a ilite, um silicato em camadas com uma estrutura cristalina tetraédrica Al-Si-O relativamente estável. O potássio é

O potássio está firmemente ligado ao oxigénio por uma ligação iónica na estrutura cristalina, dificultando assim a entrada do potássio na solução. Uma concentração mais elevada de ácido não pode promover grandemente a eficiência da remoção, pelo que, nas experiências seguintes, a concentração de ácido sulfúrico é mantida a 1,2 mol/L.

3.4.2 *Efeito da temperatura de reação*

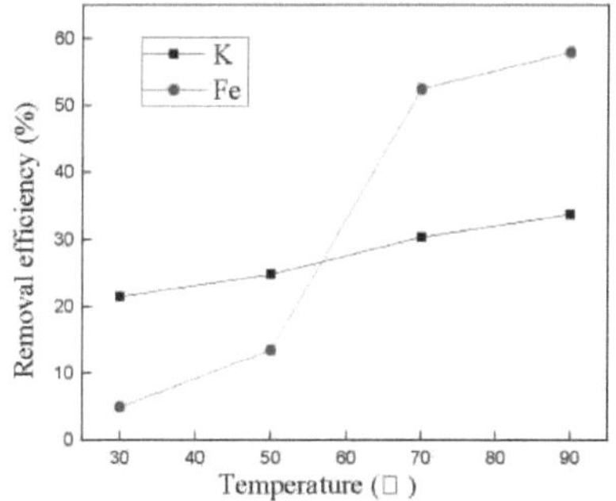

Figura 8. Efeito da temperatura na eficiência de remoção.

A relação entre a temperatura de reação (de 30°C a 90°C) e a eficiência de remoção foi investigada com concentração de ácido sulfúrico de 1,2 mol/L, líquido/sólido de 9 mL/g e tempo de reação de 2 h. Os resultados estão ilustrados na Figura 8. Como esperado, o aumento da temperatura é favorável para a eficiência de remoção de potássio e ferro. A eficiência de remoção de K e Fe é tão elevada como 33,74% e 57,95% a 90°C, respetivamente. Uma temperatura mais elevada pode aumentar o coeficiente de difusão do sistema de reação e melhorar a difusão de H^+ da superfície para os canais interiores das partículas minerais, acelerando a decomposição da bauxite. Outras experiências semelhantes [24], como a extração de potássio de minério associado a fósforo e potássio, afirmaram que o aumento da temperatura da reação pode aumentar a eficiência da lixiviação. No entanto, uma temperatura mais elevada pode causar uma perda de Al da bauxite, o que é desvantajoso tendo em conta a relação entre o teor de Al e o desempenho do refratário. Por conseguinte, recomenda-se a temperatura adequada de 70°C neste estudo.

3.4.3 *Efeito do rácio ácido sulfúrico/bauxite*

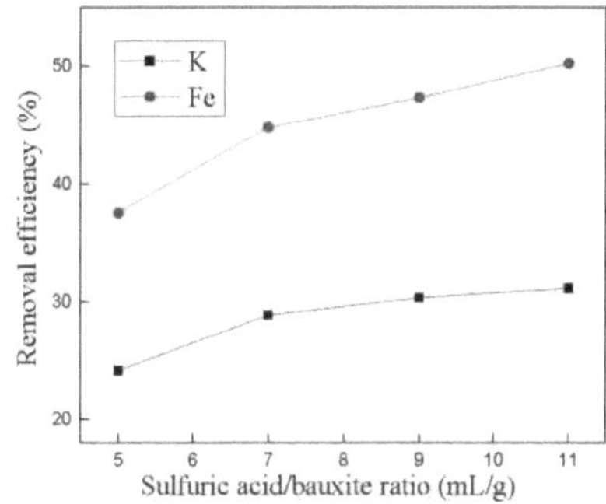

Figura 9. Efeito da relação ácido sulfúrico/bauxita na eficiência de remoção.

Para observar o efeito da relação líquido/sólido na eficiência da remoção, as experiências foram realizado com quatro níveis de rácio que variam de 5 a 11 mL/g a uma concentração de ácido de 1,2 mol/L, a 70°C durante 2 h. Os resultados representados na figura 9 mostram que a eficiência de remoção de K e Fe aumenta com o aumento da relação entre o ácido sulfúrico e a bauxite rácio. Isto pode ser explicado pelo facto de uma relação ácido/bauxite mais elevada fornece mais ácido sulfúrico para lixiviar o potássio e o ferro. Além disso, um rácio mais elevado pode reduzir a viscosidade do sistema de reação de reagentes para melhorar a mistura e promover a difusão.

Quando o rácio varia de 5 mL/g para 11 mL/g, a eficiência de remoção de potássio e ferro apenas aumenta de 24,12% para 31,14% e de 37,55% para 50,26%, respetivamente, o que não aumenta obviamente a extensão da remoção. Isto revela que a quantidade de ácido sulfúrico é adequada para lixiviar o potássio e o ferro quando o rácio excede 7 mL/g. Tendo em conta a menor concentração de ácido (1,2 mol/L), a relação de 9 mL/g é considerada a óptima para a lixiviação.

3.4.4 Efeito do tempo de reação

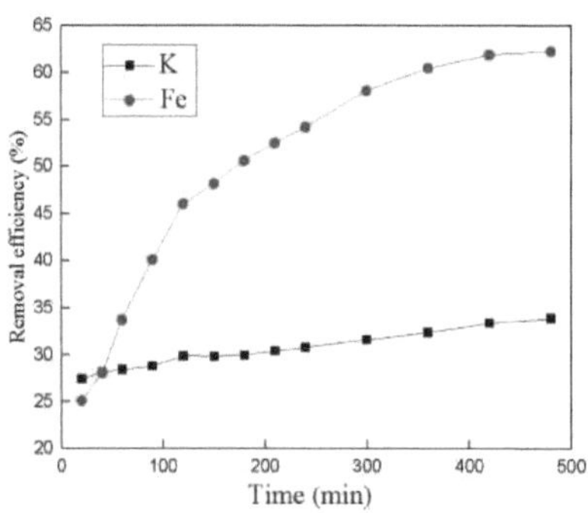

Figura 10. Efeito do tempo de reação na eficiência da remoção.

O efeito do tempo de reação na eficiência de remoção de potássio e ferro foi estudado a 70°C com uma concentração de ácido sulfúrico de 1,2 mol/L e uma relação líquido/sólido de 9 mL/g. As curvas apresentadas na Figura 10 identificam que a eficiência de remoção de K e Fe aumenta com o tempo de adição. A eficiência do Fe aumenta consideravelmente com o aumento do tempo, de 25,09% a 20 min para 60,45% a 360 min. Para além de 360 min, os dados aumentam muito lentamente. A eficiência de remoção do K apresenta uma tendência semelhante, mas a extensão do aumento é relativamente menor em comparação com o Fe. Este facto pode dever-se às diferentes formas de ferro presentes na bauxite.

Como mostra a Figura 10, a eficiência de remoção de K aumenta muito lentamente à medida que o tempo aumenta, por uma questão de consumo de energia, o tempo de reação de 2 h é escolhido como a condição adequada para o processo de lixiviação.

3.5. Análise cinética

A cinética do processo de remoção de potássio e ferro foi examinada a uma concentração de ácido de 1,2 mol/L, 70°C e L/S de 9 mL/g. Os dados experimentais foram analisados com base no modelo de núcleo de retração por difusão (SCM). De um modo geral, a difusão através da camada sólida e o modelo de núcleo retrátil misto (difusão através da camada sólida integrada com transferência de interface) podem ser as etapas mais prováveis de controlo da taxa durante o processo de lixiviação. A equação da taxa de difusão através da camada sólida e o modelo do núcleo de retração misto podem ser expressos, respetivamente, como Eq. (2) e Eq. (3) [32, 33]:

$$1 + 2(1 - \alpha) - 3(1 - \alpha)^{\frac{2}{3}} = k_1 \times t \qquad (2)$$

$$\frac{1}{3}\ln(1 - \alpha) + (1 - \alpha)^{-\frac{1}{3}} - 1 = k_2 \times t \qquad (3)$$

em que α é a eficiência de remoção do potássio ou do ferro, k_1 e k2 são as constantes de velocidade lineares controladas pela difusão através da camada sólida e pelo modelo de núcleo de retração misto, t é o tempo de reação em minutos.

Os dados experimentais da Figura 10 são simulados, e os

gráficos das Eqs. (2) e (3) versus tempo são apresentados na Figura 11 e na Figura 12, respetivamente. A Figura 12 mostra que a Eq. (3) pode descrever melhor o processo de lixiviação do potássio e do ferro, porque os dados da Figura 12 são lineares com coeficientes de correlação mais elevados (R^2) em comparação com a Figura 11. Os resultados

indicam que a cinética da remoção de potássio e ferro em ácido sulfúrico é controlada tanto pela difusão através da camada sólida como pela transferência de interface. A constante de velocidade (k_2) e a interceção são obtidas a partir da Figura 12, e os modelos cinéticos para a remoção de potássio e ferro são respetivamente concluídos pela Eq. (4) e Eq. (5):

$$\frac{1}{3}\ln(1-\alpha)+(1-\alpha)^{-\frac{1}{3}}-1=8.284\times 10^{-6}\times t+0.00593$$

(4)

$$\frac{1}{3}\ln(1-\alpha)+(1-\alpha)^{-\frac{1}{3}}-1=1.382\times 10^{-4}\times t+0.00332$$

(5)

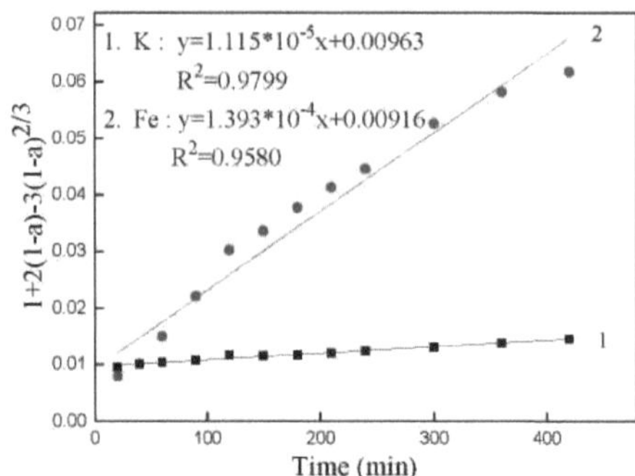

Figura 11. O modelo de cinética de difusão durante o processo de remoção: $1+2(1-a)-3(1-a)\ /^{23}$ versus tempo de reação.

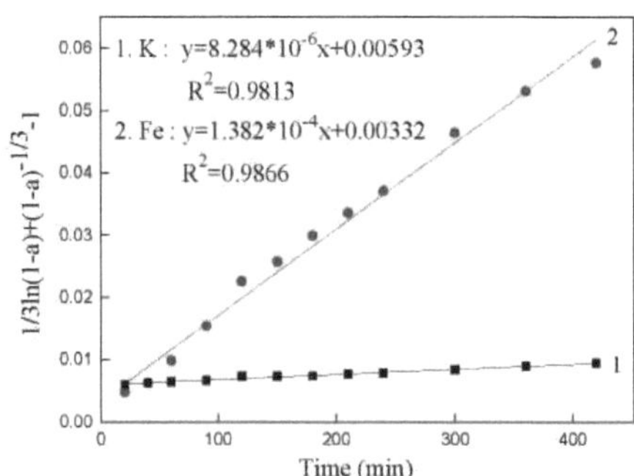

Figura 12. O modelo de cinética de difusão durante o processo de remoção: $1/3\ln(1-a)+\ (1-a)^{-1/3}\ -1$ versus tempo de reação.

1.6 Caracterização da Bauxite Tratada

Os padrões XRD das bauxites torradas e dos resíduos de lixiviação são observados na Figura 13. Pode ver-se que a,b e c têm as mesmas fases cristalinas com ilite e corindo. Os resultados de XRD indicaram que a ilite na bauxite tem uma estrutura cristalina muito estável, que não foi destruída nem mesmo pelo ataque de ácido sulfúrico 4 mol/L. A estrutura cristalina estável deve ser responsável pela formação de um novo tipo de bauxite. A estrutura cristalina estável deve ser responsável pela menor eficiência de remoção de potássio.

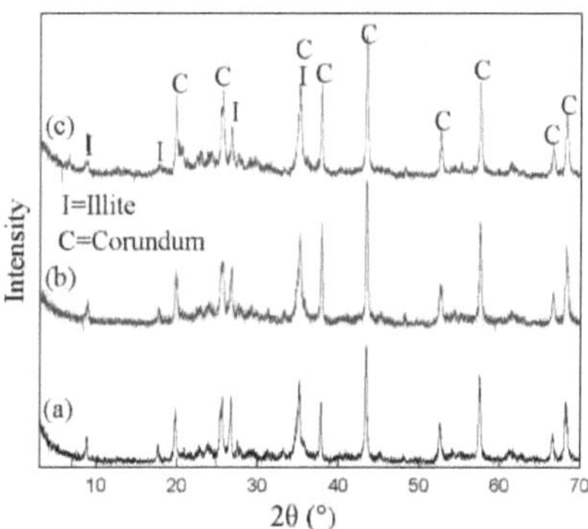

Figura 13. Padrões de XRD das bauxites tratadas (a: bauxite torrada a 550°C, b: lixiviada com 1,2 mol/L $_{H2SO4}$, c: lixiviada com 4 $_{mol/LH2SO4}$).

As imagens SEM e a análise EDS correspondente da bauxite torrada e do resíduo de lixiviação H2SO4 são obtidas na Figura 14. O limite difuso das partículas e a forma dendrítica podem ser observados na Figura 14a, enquanto na Figura 14b, a forma dendrítica desapareceu devido à lixiviação ácida, e apresenta diferentes formas e partículas irregulares com cerca de 0,51 µm de comprimento após a lixiviação. Não há formas óbvias de camadas de ilite nas imagens SEM, embora a fase de ilite seja identificada na Figura 13. Podemos deduzir que pode estar encapsulada no produto de transformação (corindo) e que o mineral contendo ferro pode ter encontrado uma situação semelhante.

Os resultados combinados da análise EDS na Figura 14c ilustram que ainda existem quantidades de K e Fe distribuídas no resíduo, o que também sugere que as caraterísticas do mineral incorporado são complexas e que é difícil remover as impurezas.

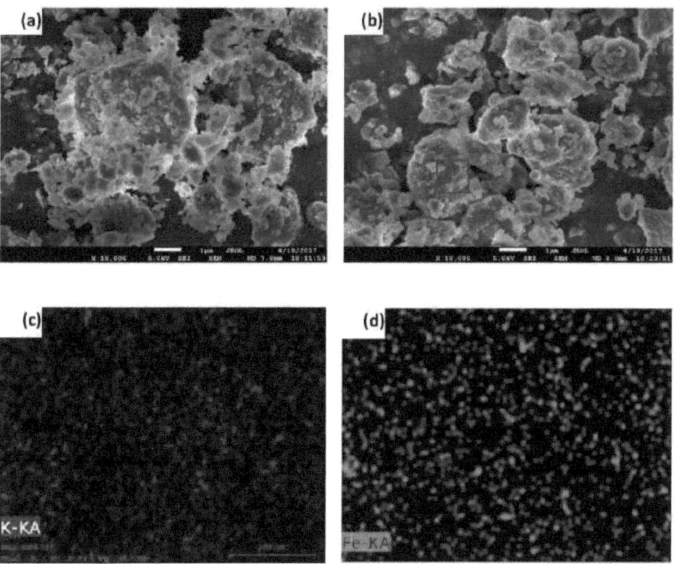

Figura 14. Imagens SEM e análise EDS da bauxite tratada

bauxite tratada.

(a: Bauxite torrada a 550°C; b: resíduo de lixiviação; c e d: Análise EDS para a zona atribuída)

A análise química da bauxita tratada e da bauxita bruta é apresentada na tabela 1. O conteúdo equivalente de K_2O e Fe_2O_3 reduz para 2,09 e 1,78%, respetivamente. A bauxita tratada com impurezas relativamente baixas (cerca de 2% de R_2O) pode ser usada para produzir bauxita homogeneizada [34]. Notavelmente, o conteúdo de Al_2O_3 não diminui após a lixiviação, o que é vantajoso para o uso em aplicações refratárias.

Tabela 1. Resultados de XRF das amostras de bauxite, apresentados como óxidos

Sample	Al_2O_3 (%)	SiO_2 (%)	TiO_2 (%)	Fe_2O_3 (%)	K_2O (%)	Na_2O (%)	CaO (%)	MgO (%)
Treated	58.17	20.56	1.82	1.78	2.09	0.07	0.09	0.15
Raw	57.34	18.22	2.32	3.81	3.23	0.26	0.64	0.23

CAPÍTULO 4

4. Conclusões

Para explorar um método de aplicação da bauxite de baixa qualidade na indústria de refractários, é proposto um processo de calcinação seguido de lixiviação ácida para a remoção de impurezas da bauxite de baixa qualidade. O ácido sulfúrico é utilizado como agente de lixiviação neste trabalho. Os resultados provam que o aumento da temperatura de calcinação é desvantajoso para a remoção do ferro, mas a eficiência de remoção do potássio pode atingir o valor máximo quando a temperatura de calcinação é de 550°C. São investigados os factores que influenciam a concentração do ácido, a temperatura, a relação ácido sulfúrico/bauxite e o tempo de reação. Verifica-se que quando se utiliza uma relação ácido sulfúrico (1,2 mol/L)/bauxite de 9 mL/g e uma temperatura de 70°C e um tempo de residência de 2 h, a eficiência de remoção de potássio e ferro da bauxite calcinada a 550°C pode atingir 30,32% e 47,33%, respetivamente, e a bauxite tratada pode ser utilizada para produzir bauxite homogeneizada. As fórmulas cinéticas são calculadas e os resultados mostram que a reação de lixiviação é controlada tanto pela difusão através da camada sólida como pela transferência de interface.

Em resumo, esta investigação oferece perspectivas para uma utilização mais abrangente da bauxite de baixa qualidade.

Agradecimentos: Agradecemos o apoio financeiro da Fundação Nacional de Ciências Naturais da China (N.º U1704252 e 51704263). Agradecemos também ao Fundo de Desenvolvimento para Jovens Professores Notáveis da Universidade de Zhengzhou (n.º 1421324065) e à Fundação de Ciência de Pós-Doutoramento da China (n.º 2017M622375).

Contribuições dos autores: Zhuang Li, Yijun Cao e Yuanli Jiang conceberam e projectaram as experiências; Zhuang Li, Guixia Fan e Guihong Han realizaram as experiências; Luping Chang, Guihong Han e Zhuang Li analisaram os dados; Luping Chang e Guixia Fan contribuíram com reagentes, materiais e instrumentos de análise; Zhuang Li, Yijun Cao e Yuanli Jiang redigiram o artigo.

Conflitos de interesse: Os autores declaram não haver conflito de interesses.

Referências

1. Paz, S.P.A.; Angelica, R.S.; Kahn, H. Otimização do método de quantificação de sílica reativa aplicado a bauxitas gibbsíticas do tipo Paragominas. *Int. J. Miner. Process.* **2017**, 162, 10-15.

2. Zhang, B.; Jiang, Y.; Guo, S.; Zhou, F. The influence of bauxite resource change in China on layout of world alumina industry. *Light Met.* **2014,** 26, 1-5.

3. Fan, Z.L.; Ma, Z.H. Contramedidas e avaliação da segurança na utilização de recursos de bauxite estrangeiros. *China Min. Mag.* **2010**, 19, 13-15.

4. Zhong, H.; Liu, G.Y.; Xia, L.Y.; Lu Y.P.; Hu, Y.H.; Zhao, S.G.; Yu, X.Y. Separação por flotação de diásporos de caulinite, pirofilite e ilite utilizando três colectores catiónicos. *Miner. Eng.* **2008,** 21, 1055-1061.

5. Pan, S.X.; Wang, R.; Zhang, Z.Q.; Chu, G.S.; Wang, T.Z. Export and import situation of refractories and refractory raw materials in China. *China Refract.* **2000,** 3, 11-15.

6. Shi, G. Discussão sobre a situação atual da China

recursos e desenvolvimento de refractários. *Refract.* **2007**, 41, 63-67.

7. Fang, C.J.; Chang, Z.Y.; Feng, Q.M.; Xiao, W.; Yu, S.C.; Qiu, G.Z.; Wang, J. A Influência do Backwater Al^{3+} na Flotação de Bauxita Diaspore. *Minerals* **2017**. 7,195.
8. Li, X.B.; Liu, X.M.; Liu, G.H,; Peng, Z.H.; Liu, Y.X. Estudo e aplicação de um processo de sinterização intensificado para a produção de alumina. *Chin. J. Nonf. Met.* **2004,** 14: 1031-1036.
9. Lu, G.Z.; Zhang, T.A.; Li, B.; Dou, Z.H.; Zhang, W.G. Roasting Pretreatment of High-sulfur Bauxite. *Chin. J. Process. Eng.* **2008**, 8, 892-896.
10. Zhao, Q.; Miller, J.D.; Wang, X.M. Recent Developments in the Beneficiation of Chinese Bauxite. *Miner. Process. Extr. Metall. Rev.* **2010**, 31, 111-119.
11. Zhong, X.C. Strategic thoughts on innovative development of Chinese bauxites. *Refract.* **2009**, 43, 241-243.
12. Amrane, B.; Ouedraogo, E.; Mamen, B.; Djaknoun, S.; Mesrati, N. Estudo experimental do comportamento

termomecânico de materiais refractários de alumina-silicato à base de uma mistura de argilas cauliníticas argelinas. *Ceram. Int.* **2011**, 37, 3217-3227.

13. Cheng, H. Influência do K_2O na Sinterização-Sintetização de Mullite com Bauxite. *Chin. Ceram.* **2013**, 49, 48-50

14. Sadik, C.; Amrani, I.E.; Albizane, A. Avanços recentes em refractários de sílica-alumina: A review. *J. Asian. Ceram. Soc.* **2014**, 2, 83-96.

15. Stjernberg, J.; Ion, J.C.; Antti, M.L.; Nordin, L.O.; Lindblom, B.; Oden, M. Extended studies of degradation mechanisms in the refractory lining of a rotary kiln for iron ore pellet production. *J. Eur. Ceram. Soc.* **2012**. 32, 1519-1528.

16. Reddy, B.R.; Mishra, S.K.; Banerjee, G.N. Kinetics of leaching of a gibbsitic bauxite with hydrochloric acid. *Hydrometallurgy* **1999**, 51, 131-138.

17. Zhao, A.C.; Zhang, T.A.; Lu, G.Z.; Dou, Z.H. Estudo sobre as regras de lixiviação do alumínio e do ferro da bauxite com elevado teor de ferro por lixiviação ácida a baixa

temperatura. *J. Funct. Mater.* **2012**, 43, 105-108.

18. Hu, W.T.; Wang, H.J.; Liu, X.W.; Sun, C.Y.; Duan, X.Q. Restringindo a volatilização de sódio no sistema de redução direta de bauxita férrica. *Minerals* **2016,** 6, 31.

19. Papassiopi, N.; Vaxevanidou, K.; Paspaliaris, I. Effectiveness of iron reducing bacteria for the removal of iron from bauxite ores. *Miner. Eng.* **2010**, 23, 25-31.

20. Ma, D.Y. Preparation of mullite-based complex refractory from bauxite tailings, Tese de Doutoramento, Universidade de Ciência e Tecnologia de Pequim, Pequim, China, **2015**.

21. Gao, Z.X.; Li, G.P. On the classification of Chinese bauxites. *J. Chin. Ceram. Soc.* **1984**, 2, 115-122.

22. Zheng, L.; Yang, Y.; Ma, H. W.; Liu, M.T.; Ma, X. Recuperação de magnésio e potássio da biotite por lixiviação com ácido sulfúrico e precipitação alcalina com amoníaco. *Hydrometallurgy* **2015**, 157, 188-193.

23. Yuan, B.; Li, C.; Liang, B.; Lu, L.; Yue, H.R.; Sheng, H.Y.; Ye, L.P.; Xie, H.P. Extração de potássio de K-feldspato através da via de calcinação CaCl2. *Chin. J. Chem. Eng.*

2015,

23, 1557-1564.

24. Zhang, Y.F.; Ma, J.Y.; Qin, Y.H.; Zhou, J.F.; Li, Y.; Wu, Z.K.; Wang, T.L.; Wang, W.G.; Wang, C.W. Lixiviação assistida por ultrassom de potássio de minério associado a fósforo e potássio. *Hydrometallurgy* **2016**, 166, 237-242.

25. Ma, H.W.; Yang, J.; Su, S.Q.; Liu, M.T.; Zheng, H.; Wang, Y.B.; Qi, H.B.; Zhang, P.; Yao, W.G. 20 Years Advances in Preparation of Potassium Salts from Potassic Rocks: A Review. *Ata Geol. Sin-Engl.* **2015**, 89, 2058-2071.

26. Drits, V.A.; Zviagina, B.B. Trans-vacant and cis-vacant 2:1 layer silicates: structural features, identification, and occurrence. *Argilas Clay Miner.* **2009**, 57, 405-415.

27. Yang, H.M.; Yang, W.G.; Hu, Y.H.; Qiu, G.Z. Análise cinética da reação de decomposição térmica do diásporo. *Chin. J. Nonf. Met.* **2003**, 55, 9750-9757.

28. Wattanasiriwech, D.; Srijan, K.; Wattanasiriwech, S. Vitrificação de argila ilítica da Malásia. *Appli. Clay Sci.* **2009**, 43, 57-62.

29. Wang, J.X.; Zhong, X.C. The effects of potassium oxide and iron oxide additions on the phase composition of sintered bauxites (DK type). *J. Chin. Ceram. Soc.* **1984**, 12, 77-84.

30. He, D.S.; Feng, Q.M.; Zhang, G.F.; Long, S.S.; Ou, L.M.; Lu, Y.P. Effect of roasting on dissolution behavior of illite in acid solution. *J. Cent. South Univ.* **2011**, 42, 1533-1537.

31. Bibi, I.; Singh, B.; Silvester, E. Dissolução de ilite em soluções salino-ácidas a 25°C. *Geochim. Cosmochim. Ata* **2011**, 75, 3237-3249.

32. Qalban, T.; Kaynarca, B.; Ku§lu, S.; Qolak, S. Cinética de lixiviação do sal de Chevreul em soluções de ácido clorídrico. *J. Ind. Eng. Chem.* **2014**, 20, 1141-1147

33. Dickinson, C.F.; Heal, G.R. Solid-liquid diffusion controlled rate equations. *Thermochim. Ata* **1999**, 340, 89103.

34. Lin, B.Y.; Hu, L. *Raw Materials of Refractory*, Metallurgical Industry Press: Beijing, China, 2015; 137-166, ISBN 978-75024-7038-8.

Conteúdo

Printed by Books on Demand GmbH, Norderstedt / Germany